0零起点学

基础篇

编绳

陈瑶 编著

U0251212

浙江科学技术出版社

图书在版编目（CIP）数据

零起点学编绳. 基础篇 / 陈瑶编著.—杭州 ：浙
江科学技术出版社，2017.2
　ISBN 978-7-5341-7358-5

　Ⅰ．①零… Ⅱ．①陈… Ⅲ．①绳结－手工艺品－制作
Ⅳ．①TS935.5

　中国版本图书馆CIP数据核字(2016)第297824号

书　　　名	零起点学编绳（基础篇）	
编　　　著	陈　瑶	

出 版 发 行	浙江科学技术出版社
	杭州市体育场路347号　　邮政编码：310006
	办公室电话：0571-85176593
	销售部电话：0571-85062597　0571-85058048
	E-mail：zkpress@zkpress.com
排　　　版	广东炎焯文化发展有限公司
印　　　刷	杭州锦绣彩印有限公司
经　　　销	全国各地新华书店

开　　　本	787×1092　1/16	印　　张	8
字　　　数	100 000		
版　　　次	2017年2月第1版	印　　次	2017年2月第1次印刷
书　　　号	ISBN 978-7-5341-7358-5	定　　价	36.00元

责任编辑	王巧玲　　仝　林	**责任美编**	金　晖
责任校对	顾旻波	**责任印务**	田　文
特约编辑	张　丽		

Preface 前言

闲暇时光，缤纷的想法，让很多人爱上了手工艺。不需要太多的准备，一些简简单单的东西就可以在自己的手上变成美丽的装饰品，这种成就感是无法用言语表达的。对于很多初学者来说，手工艺的入门学习是不可或缺的。只要入了门，就可以在自己的努力下完成很多繁复、高难度的作品。

《零起点学编绳（基础篇）》中的基础部分收录了详细的基础知识，有线材、配件、工具和50多种基础结的详细编法。此外，本书还介绍了近40款简易编绳作品的制作方法。本书由浅入深、循序渐进，以最直观的步骤图、最准确简明的语言，让你轻轻松松学会编绳的入门技法，不仅让你拥有了一门新手艺，也可以让你的休闲时光更为有趣。做出的编绳作品，不论是自己佩戴，还是居家装饰或送人，都非常适宜。

目 录 Contents

PART 2 首饰

PART ③ 配饰

PART ④ 作品欣赏

PART 1

基础

线材

股线：股线有单色和七彩色，分3股、6股、9股、12股、15股等不同规格，常用于绕在中国结的结饰上面作装饰，在制作手绳、脚绳、腰带、手机挂绳等小饰物时也较常应用。

芊绵线：芊绵线有美观的纹路，适合制作简易的手绳、项链绳、手机挂绳、包包挂绳等饰品。

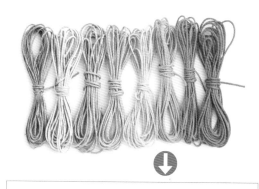

蜡绳：蜡绳的外表有一层蜡，有多种颜色，是欧美编结常用的线材。

棉绳：棉绳质地较软，可用于制作简单的手绳、脚绳、小挂饰，适合制作需要表现垂感的饰品。

皮绳：皮绳有圆皮绳、扁皮绳等。此类型的线材可以直接在链绳两端添加金属链扣来使用，也可以做出其他效果。

麻绳：麻绳带有民族特色，其质地有粗有细，较粗的适合用来制作腰带、挂饰等，较细的适合用来制作贴身的配饰，如手绳、项链绳等，这样不会造成皮肤不适。

五彩线：五彩线由绿、红、黄、白、黑五种颜色的线织造而成，其规格有粗有细，有加金和不加金两种。民间传说，五彩线可开运保平安，还能结人缘、姻缘。五彩线多用来编成项链绳、手绳、手机挂绳、包包挂绳。

韩国丝：常用的有5号线、6号线、7号线，多用于制作手绳、腰饰、家居挂饰、汽车挂件等饰品。接合时，可用粘胶进行固定，也可以用打火机烧黏后接合。

玉线：玉线多用于穿编小型挂饰，如手绳、脚绳、手机绳、项链绳、戒指、花卉、包包挂绳。

珠宝线：珠宝线有71号、72号等规格。这种线的质感特别软滑，又因为这种线特别细，多用于编手绳、项链绳及穿珠宝，是黄金珠宝店常用的线材之一。

◆ 配 件

　　一件好的编绳作品，往往是结饰与配件的完美结合。在结饰表面镶嵌圆珠、管珠，或是选用各种玉石、陶瓷等饰物作坠子，如果选配得宜，就如红花配绿叶，相得益彰。

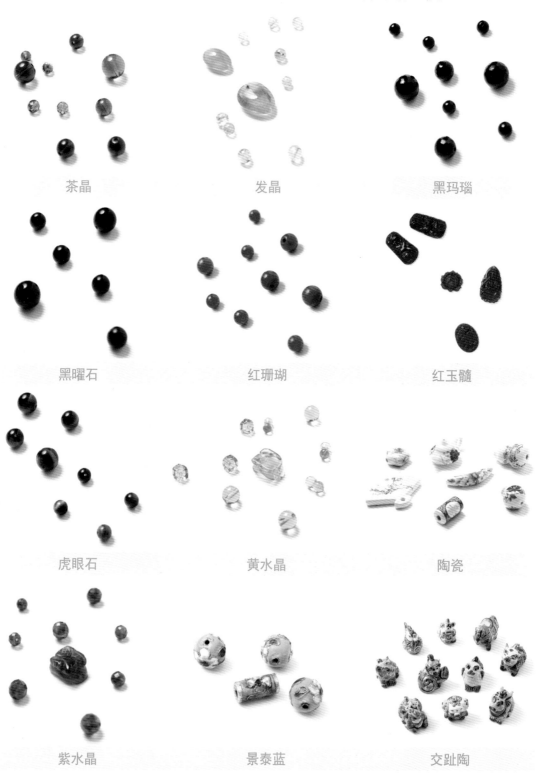

茶晶　　　　　　　　发晶　　　　　　　　黑玛瑙

黑曜石　　　　　　　红珊瑚　　　　　　　红玉髓

虎眼石　　　　　　　黄水晶　　　　　　　陶瓷

紫水晶　　　　　　　景泰蓝　　　　　　　交趾陶

工具

尖嘴钳 ➡

剪刀

胶水

镊子

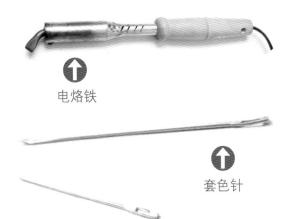

电烙铁

套色针

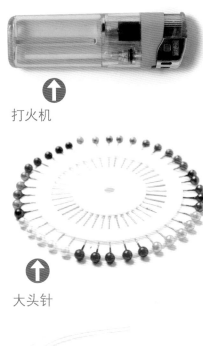

打火机

大头针

热熔胶 ⬅

垫板

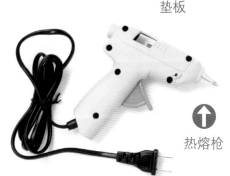

热熔枪

基础结

单向平结

1. 准备4条线，以两条红色线为中心线，其他两条线分置于两侧。

2. 如图，将左侧的线放在中心线的上面、右侧的线的下面。

 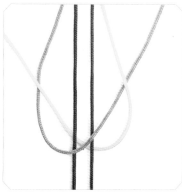 

3. 右侧的线从中心线的下面穿过，拉向左侧。

4. 将右侧的线从左侧的圈中穿出。

5. 拉紧左右两侧的线。

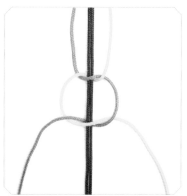 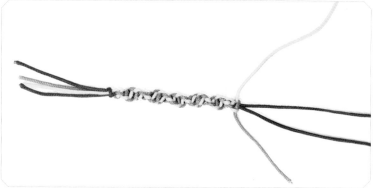

6. 重复步骤2~5的做法。

7. 重复前面的做法，即可编出连续的左上单向平结。

双向平结

1. 准备4条线，按如图所示摆放，以中间的两条线为中心线。

2. 如图，将左侧的线放在中心线的上面、右侧的线的下面。

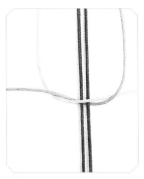

3. 右侧的线从中心线的下面穿过，从左侧的圈中穿出。

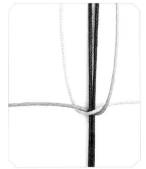

4. 拉紧左右两侧的线。

5. 将右侧的线放在中心线的上面、左侧的线的下面。

6. 左侧的线从中心线的下面穿过，从右侧的圈中穿出。

7. 拉紧左右两侧的线，由此形成1个左上双向平结。然后依照步骤2~3的做法继续编结。

8. 拉紧左右两侧的线。

9. 重复前面的做法，即可编出连续的双向平结。

双联结

1. 如图，将1条红色线和1条橘色线平行摆放。

2. 用橘色线按如图所示绕1个圈。

3. 将步骤2中做好的圈按如图所示夹在左手的食指和中指之间固定。

4. 用红色线按如图所示绕1个圈。

5. 将步骤4中做好的圈按如图所示夹在左手的中指和无名指之间固定。

6. 用右手捏住橘色线和红色线的线尾。

7. 将两条线尾按如图所示分别穿入前面做好的两个圈中。

8. 拉紧两条线的两端。

9. 收紧线，调整好结体。

10.重复前面的做法，即可编出连续的双联结。

双翼双联结

1. 准备2条线。

2. 如图，将橘色线按顺时针方向绕1个圈。

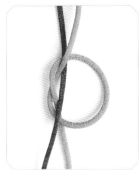

3. 如图，将红色线穿入橘色线形成的圈中。

4. 如图，将红色线按逆时针方向绕1个圈，穿入橘色线形成的圈中。

5. 拉紧两条线的两端，调整好结体，由此完成一个双翼双联结。如图所示为双翼双联结的一面。

6. 如图所示为双翼双联结的另一面。

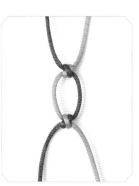

7. 按照步骤2~4的做法，再完成一个双翼双联结。

8. 拉紧线的两端，调整好2个双联结之间的长度。

9. 重复前面的做法，即可编出连续的双翼双联结。

金刚结

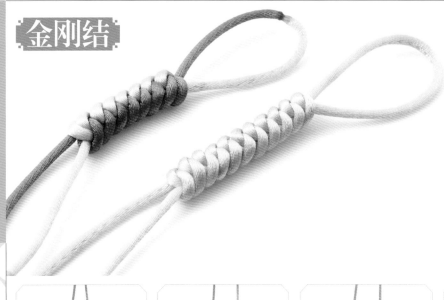

1. 如图，将蓝色线和橘色线的一头用打火机略烧后对接起来。

2. 将线从对接处对折，用大头针定位，用蓝色线围着橘色线按如图所示绕1个圈。

3. 用橘色线按如图所示绕1个圈，然后从蓝色线形成的圈中穿出来。

4. 将蓝色的圈和橘色的圈收小。

5. 将橘色线按如图所示绕着蓝色线穿入蓝色的圈中。

6. 将蓝色线按如所示图穿入橘色的圈中。

7. 将前面形成的结体翻转过来并用大头针固定，再将橘色线按如图所示穿入蓝色的圈中。

8. 将蓝色线按如图所示穿入橘色的圈中。收紧线，调整好结体。

9. 重复前面的做法，即可编出连续的金刚结。

蛇结

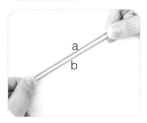

1. 准备1条线并对折，分成a、b两条线，用左手捏住对折的一端。

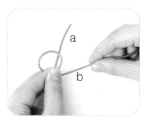

2. b线按如图所示绕过a线形成1个圈，将这个圈夹在左手食指与中指之间。

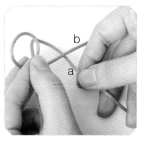

3. a线按如图所示从b线的下方穿过。

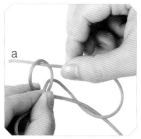

4. a线按如图所示穿过步骤2中形成的圈。

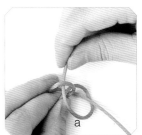

5. a线同样形成了1个圈。

6. 拉紧线的两端即可形成1个蛇结。

7. 重复步骤2~5的做法。

8. 拉紧线的两端，由此又形成了1个蛇结。

9. 重复前面的做法，即可编出连续的蛇结。

17

单线双钱结

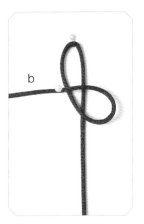

1. 准备1条线并对折，然后用大头针固定。

2. 如图，b线按逆时针方向绕1个圈，并用大头针固定。

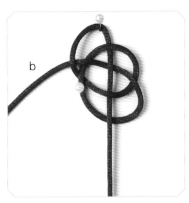

3. b线按如图所示做挑、压。

4. 调整好结体。

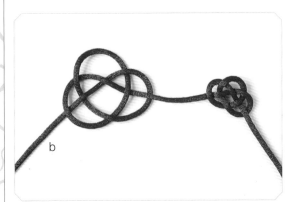

5. 用b线继续编1个单线双钱结。

6. 重复前面的做法，即可编出连续的单线双钱结。

双线双钱结

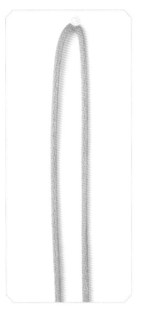

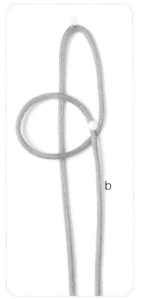

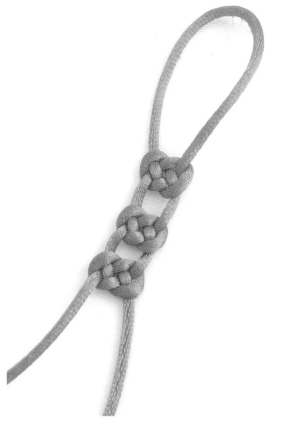

1. 准备1条线并对折，然后用大头针固定。

2. 如图，用b线按顺时针方向绕1个圈。

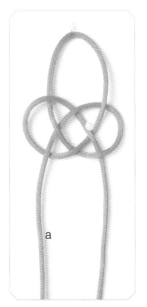

3. a线按如图做挑、压，并按逆时针方向绕1个圈。

4. 拉紧线的两端，由此完成1个双线双钱结。

5. 用线的两端依照步骤2~4的做法再编1个双线双钱结。

6. 重复前面的做法，即可编出连续的双线双钱结。

长双钱结

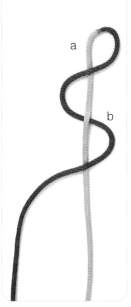

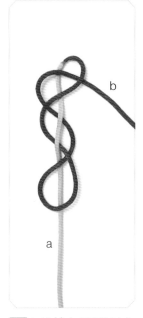

1. 准备1条线并对折，如图，b线围着a线做压、挑，形成S形。

2. b线按如图所示向上走线。

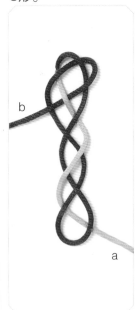

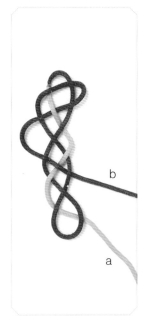

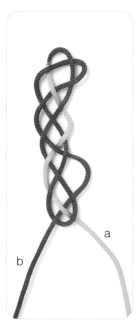

3. b线按如图所示穿过上端的圈。

4. b线以一挑一压的方式向下走线，注意挑、压的方法。

5. b线按如图所示穿过下端的圈。

6. 调整好结体的宽度即可。

四边菠萝结

1. 准备1条线并对折。

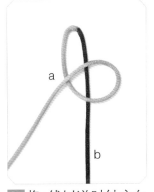

2. 将a线以逆时针方向绕出右圈。

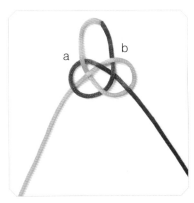

3. 将b线以顺时针方向绕出左圈,形成第一个双线双钱结。

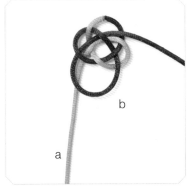

4. 将b线跟着原线的走向再穿一次。

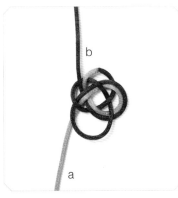

5. 将b线继续跟着原线走向穿一次。

6. 形成第二个重叠的双线双钱结。

7. 把双钱结向上轻轻推拉,调整好结体即可。

六边菠萝结

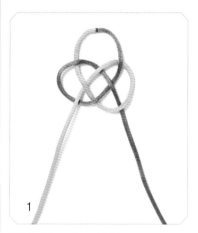

1

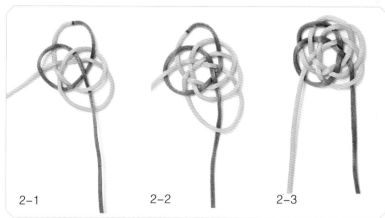

2-1 2-2 2-3

1.先做 1 个双钱结。

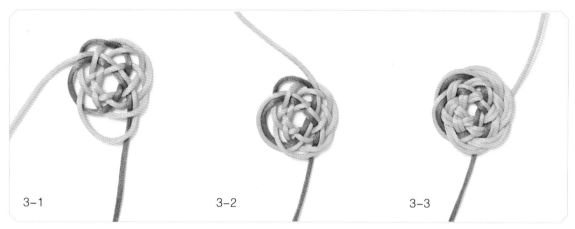

3-1 3-2 3-3

4

2.按如图所示走线，在双钱结的基础上做成 1 个六耳双钱结，注意线挑、压的方式。

3.用其中的 1 条线跟着六耳双钱结的走线再走 1 次。

4.将结体推拉成圆锥状即可。

单线纽扣结

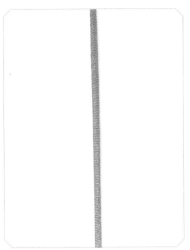

1. 准备1条线。

2. 将这条线按逆时针方向绕1个圈。

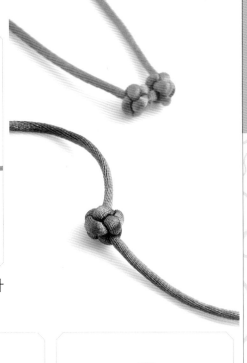

3. 如图，用这条线再按逆时针绕1个圈，叠放在步骤2中形成的圈的上面。

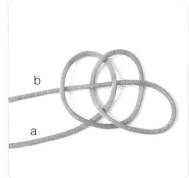

4. b线按如图所示做挑、压，从两个圈叠放形成的中心小圈中穿出来。

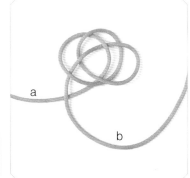

5. b线按如图所示压住a线，然后拉向右方。

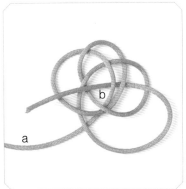

6. b线按如图所示做挑、压，穿过中心的小圈。

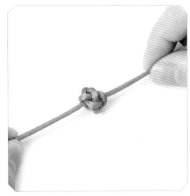

7. 轻轻拉动线的两端。

8. 按照线的走向将结体调整好即可。

双线纽扣结

1. 准备1条线。

2. 如图，用这条线在左手食指上面绕1个圈。

3. 如图，用这条线在左手大拇指上面绕1个圈。

4. 取出大拇指上面的圈。

5. 将取出的圈按如图所示翻转，然后盖在左手食指的线的上方。

6. 用左手大拇指压住取下的圈。

7. 用右手将a线拉向上方。

8. a线按如图所示做挑、压，从圈中间的线的下方穿过。

9. 轻轻拉动a、b线。

10. 将结体稍微缩小，由此形成1个立体的双线结。

11. 从左手食指上取出做好的双线结，结体呈现出"小花篮"的形状。

12. 如图，将线的一端按顺时针的方向绕过"小花篮"右侧的"提手"，然后朝下穿过"小花篮"的中心。

13. 如图，将线的另一端按顺时针的方向绕过"小花篮"左侧的"提手"，然后朝下穿过"小花篮"的中心。

14. 拉紧两端的线，根据线的走向将结体调整好。

15. 这样就做好了1个双线纽扣结。

两股辫

1. 准备1条线。

2. 取这条线的中心点，用手捏住中心点两端的线，同时朝一个方向拧。

3. 如图，线自然形成1个圈。

4. 继续将两端的线朝同一个方向拧。

5. 如图，线自然形成一段漂亮的两股辫。

6. 将两股辫拧至合适的长度后，用尾线在下端打1个单结，防止两股辫松散即可。

三股辫

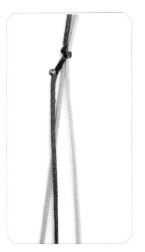

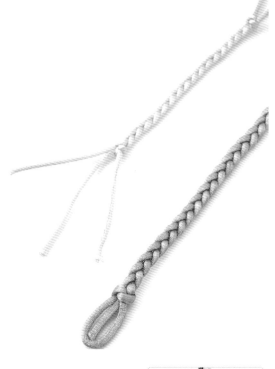

1. 准备3条线，用其中的1条线包住其余的两条线打1个单结，固定3条线。

2. 如图，将最左侧的线拉向右边两条线之间，线的上端用大头针固定。

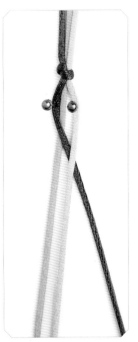

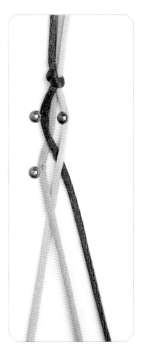

3. 如图，将最右侧的线拉向左边两条线之间，用大头针固定。

4. 重复步骤2的做法。

5. 拉紧3条线，重复步骤3的做法。

6. 将三股辫编至合适的长度后，用其中的1条线包住其余2条线，编1个单结，防止三股辫松散即可。

四股辫

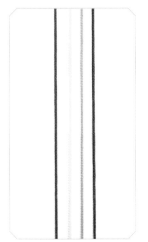

1. 准备4条线。

2. 用其中的1条线包住其他的3条线打1个单结，固定4条线。

3. 如图，两条红色线以左线下、右线上的方式交叉。

4. 如图，用黄色线在第一个交叉的下面，以左线上、右线下的方式交叉，用大头针固定4条线。

5. 重复步骤3~4的做法，边编边把线收紧。

6. 将回股辫编至合适的长度后，用1条线包住其余3条线打1个单结，防止四股辫松散即可。

八股辫

1. 准备8条线，用其中的1条线包住其余7条线编1个单结，然后将线平均分为两组。

2. 用最左侧的线按如图所示从后往前压着右边的两条线。

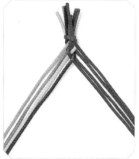

3. 用最右侧的线按如图所示从后往前压着左边的两条线，与原最左侧的线在中间做1个交叉。

4. 重复步骤2的做法。

5. 重复步骤3的做法。

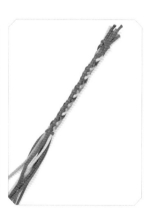

6. 拉紧线，重复步骤2的做法。

7. 重复步骤3的做法。

8. 重复编结，一边编结一边拉紧线。

9. 将八股辫编至合适的长度后，用1条线包住其余线编1个单结，防止八股辫松散即可。

凤尾结

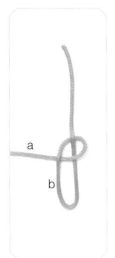

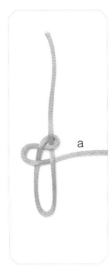

1. 准备1条线，按如图所示绕出1个圈。

2. a线以压、挑的方式，向左穿过步骤1中形成的线圈。

3. a线按如图所示做压、挑，向右穿过线圈。

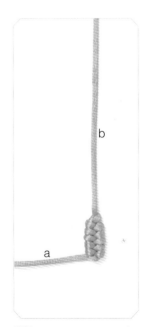

4. 重复步骤2的做法。

5. 编结时按住结体，拉紧a线。

6. 重复前面的做法继续编结。

7. 向上收紧b线，把多余的a线剪掉，用打火机略烧后按平即可。

雀头结

1. 准备2条线，红色线以棕色线为中心线绕1个圈。

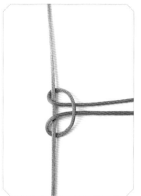

2. 如图，红色线再绕1个圈。

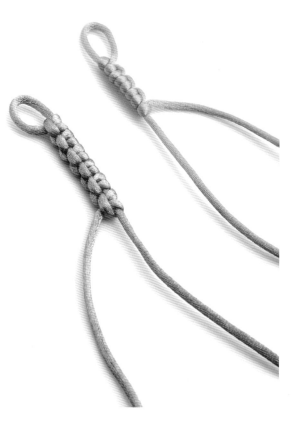

3. 拉紧红色线，由此完成1个雀头结。

4. 将红色线的一端拉向右方，另一端按如图所示绕1个圈。

5. 再次拉紧红色线。

6. 红色线依照步骤2的做法，再绕1个圈。

7. 拉紧红色线，由此又完成1个雀头结。

8. 重复步骤4~7的做法，即可编出连续的雀头结。

秘鲁结

1. 准备1条线。

2. 将线按如图所示绕棍状物1圈。

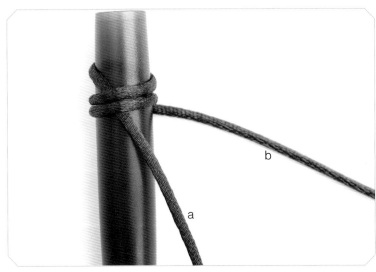

3. 将a线贴在棍状物上作轴，用b线绕a线1圈或数圈。

4. 将b线从前面做好的两个圈内以及a线下面穿过，拉紧线即可。

圆形玉米结

1. 用打火机将红色线和蓝色线的一头略烧后对接成1条线，另取1条橘色线，按如图所示与对接形成的线呈十字交叉叠放。

2. 如图，将红蓝对接形成的线对折，上端用大头针固定，并将橘色线放在右侧红色线的下面、左侧红色线的上面。

3. 将橘色线放在蓝色线的上面，用大头针固定。

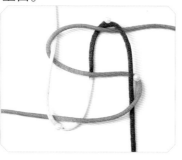

4. 将蓝色线放在两段橘色线的上面，用大头针固定。

5. 如图，将橘色线的一端如图压、挑，穿过红色线形成的圈。

6. 取出大头针，均匀用力拉紧四个方向的线。

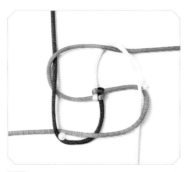

7. 如图，将四个方向的线按顺时针的方向做压、挑。

8. 重复编结，即可形成圆形玉米结。

9. 若需加入中心线，则四个方向的线绕着中心线用同样的方法编结即可。

方形玉米结

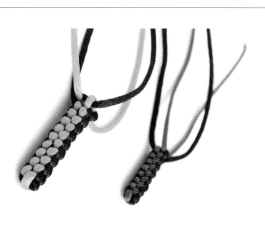

1. 用打火机将棕色线与橘色线的一头略烧后对接成1条线，另取1条红色线，按如图所示与对接形成的线呈十字交叉叠放。

2. 如图，将四个方向的线按顺时针方向做压、挑。

3. 均匀用力拉紧四个方向的线。

4. 如图，将棕色线放在红色线的上面，并用大头针固定。

5. 如图，将红色线放在棕色线和橘色线的上面。

6. 如图，将橘色线放在两段红色线的上面。

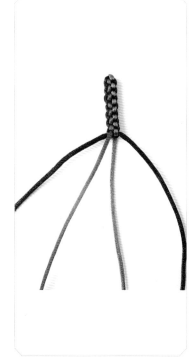

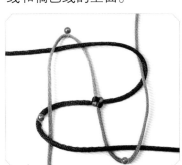

7. 将红色线按如图所示做压、挑，穿过棕色线形成的圈。

8. 均匀用力拉紧四个方向的线。

9. 重复步骤2~8的做法，即可形成方形玉米结。

万字结

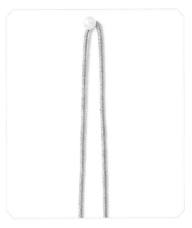 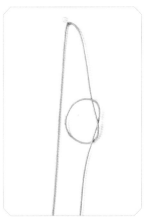 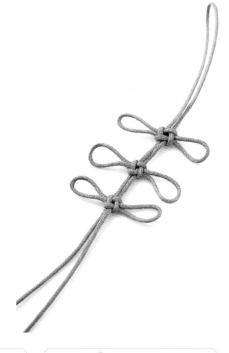

1. 准备1条线并对折，用大头针固定。

2. 右边的线按顺时针方向绕1个圈。

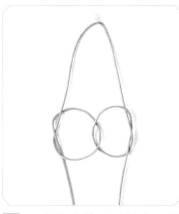 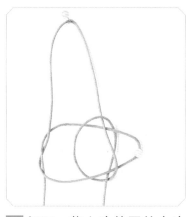

3. 左边的线按如图所示穿过右边形成的圈。

4. 左边的线按逆时针方向绕1个圈。

5. 如图，将左边的圈从右边的圈中拉出来。

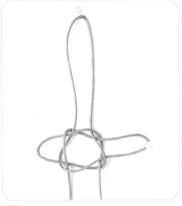  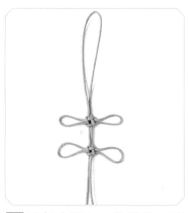

6. 如图，将右边的圈从左边的圈中拉出来。

7. 拉紧左右的两个耳翼，由此完成1个万字结。

8. 重复步骤2~7的做法，即可编出连续的万字结。

十字结

1. 准备1条线并对折。

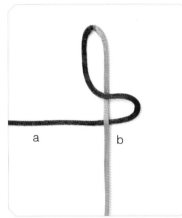

2. a线按如图所示压、挑b线，绕出右圈。

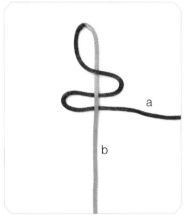

3. a线在b线下方再绕出左圈。

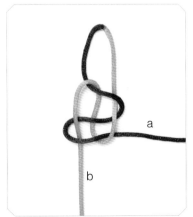

4. b线按如图所示压、挑a线形成的圈，穿出左圈。

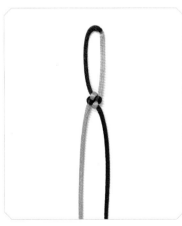

5. 拉紧2条线，完成1个十字结。

6. 重复步骤2~5的做法，即可编出连续的十字结。

锁结

  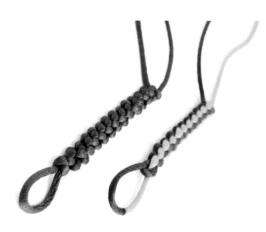

1. 将红色线和黄色线的一头用打火机略烧后对接起来。

2. 用红色线绕出圈①。

 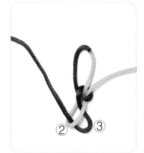 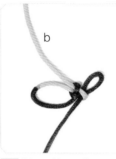 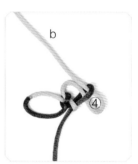

3. 用黄色线做出圈②，进到步骤2做好的圈①中。

4. 拉紧红色线，然后用红色线做出圈③，进到圈②中。

5. 拉紧黄色线。

6. 用黄色线做出圈④，进到圈③中。

7. 拉紧红色线。

8. 用红色线做出圈⑤，进到圈④中。

9. 拉紧黄色线。

10. 重复前面的做法，编至合适的长度。

11. 将黄色线穿入最后一个圈中。

12. 拉紧红色线即可。

轮结

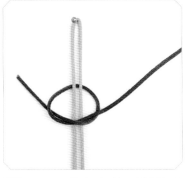
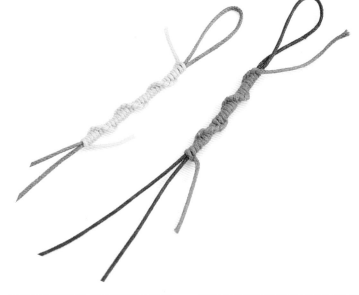

1. 如图，将橘色线对折作为中心线并用大头针固定，将红色线绕着中心线编1个单结。

2. 拉紧单结。

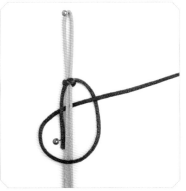

3. 如图，将红色线按顺时针方向绕中心线及红色线头1圈，然后穿出。

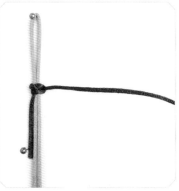

4. 向右拉紧红色线。

5. 重复步骤3的做法。

6. 向右拉紧红色线。

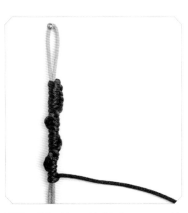

7. 重复前面的做法，即可编出螺旋状的轮结。

绶带结

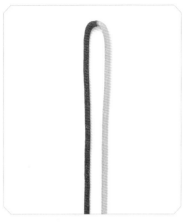

1. 准备1条线并对折。

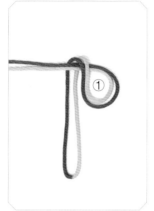

2. 将线按如图所示在右边绕出圈①。

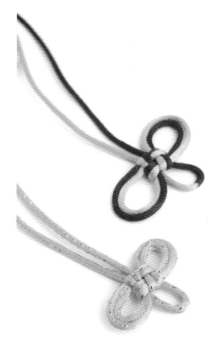

3. 将线在左边绕出圈②，然后穿过圈①。

4. 将线向左拉。

5. 将线绕出圈③，然后穿过圈②。

6. 将结体翻转180°，用钩子按如图所示做挑、压，从中间伸过去，钩住两条线。

7. 把线从中间的洞中往下拉。

8. 分别向两侧拉出圈①和圈③作耳翼，收紧线，调整结体即可。

双环结

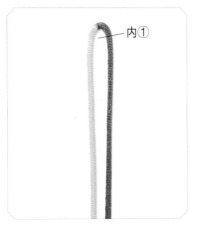

1. 如图，准备1条线并对折，形成内①。

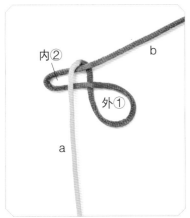

2. 将b线按如图所示走线，做出内②和外①。

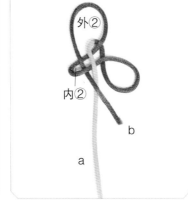

3. 将b线穿过内②，形成外②，然后压a线。

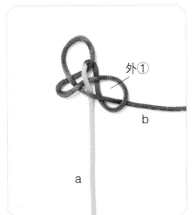

4. b线再穿过外①。

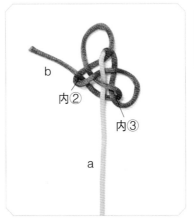

5. b线挑a线，从内②中穿出，形成内③。

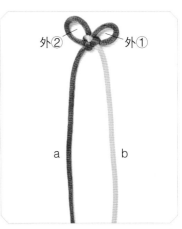

6. 收紧a、b线，调整好外①和外②这两个圈的大小即可。

龟结

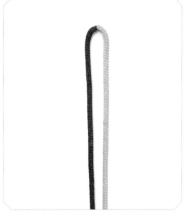

1. 准备1条线并对折。

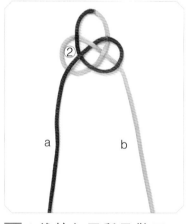

2. a线压b线绕出圈①。

3. b线按如图所示做压、挑，绕出圈②。

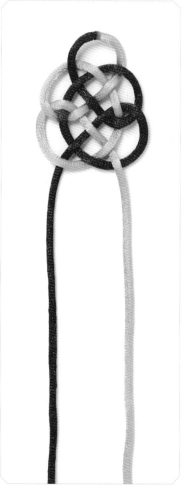

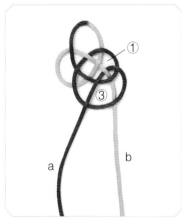

4. a线按如图所示做挑、压，压圈①，做出圈③。

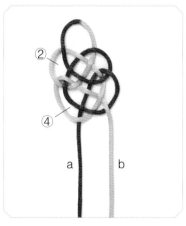

5. b线按如图所示做挑、压，挑圈②，做出圈④。

6. 调整好结体即可。

袈裟结

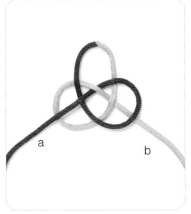

1. 袈裟结与龟结的做法相仿，先用a、b线编1个双钱结。

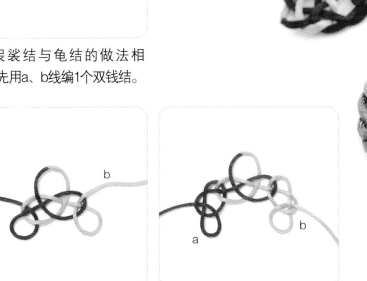

2. a、b线分别在双钱结左右两个耳翼上绕出圈。

3. a、b线按如图所示分别向两边做挑、压。

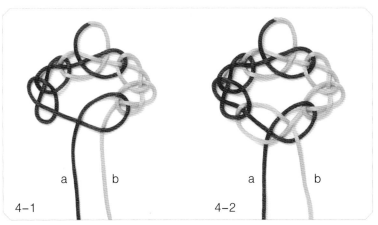

4-1   4-2

5. 调整好结体即可。

4. a、b线仿照步骤1的做法走线，a线绕到右侧圈中做压、挑，绕出圈，b线绕到左侧圈中做挑、压，绕出圈，组合完成1个双钱结。

五福结

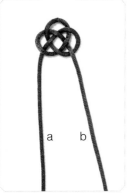

1. 如图，用a、b线编好第一个双钱结。

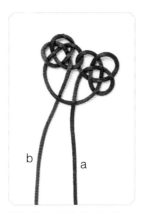

2. 将a线绕向右边，在第一个双钱结的右边编第二个双钱结。

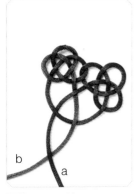

3. 将a线按如图所示走线。

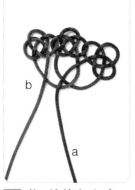

4. 将b线绕向左边，在第一个双钱结的左边编第三个双钱结。

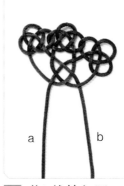

5. 将b线按如图所示走线。

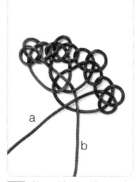

6. 将a线再绕向右边，编第四个双钱结。

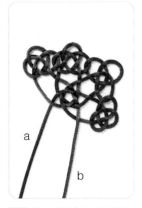

7. 将a线按如图所示往中间走线。

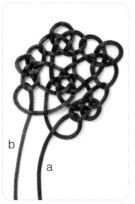

8. 将b线穿过第三个双钱结的下耳翼，a线穿过第四个双钱结的下耳翼。

9. 用a、b线组合完成第五个双钱结。

10. 剪掉多余的线，用打火机将两个线头略烧后对接起来即可。

六合结

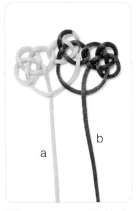 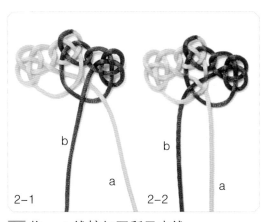 

a b

2-1 2-2

b a

1. 仿照五福结的方法，用a、b线编好3个双钱结。

2. 将a、b线按如图所示走线。

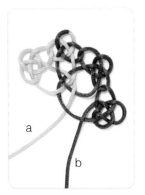 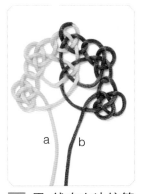 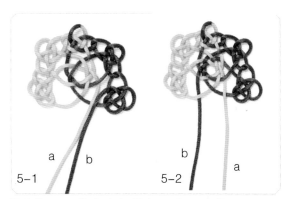

a b

a b

5-1 5-2

a b

3. 用b线在右边编第四个双钱结。

4. 用a线在左边编第五个双钱结。

5. 将a、b线在中间按如图所示走线。

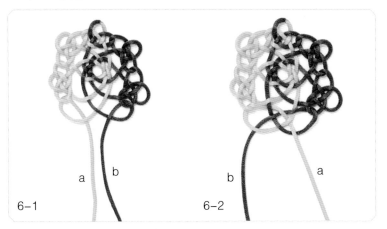 

a b

b a

6-1 6-2

6. 将a、b两线分别穿过第四、第五个双钱结的下耳翼，组合完成第六个双钱结。

7. 调整好结体，把多余的线剪掉，并用打火机将两个线头略烧后对接起来即可。

七宝结

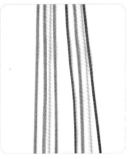

1. 准备8条线，平均分成左右两组。

2. 如图，左边的4条线以中间两条线为中心线，两边的线绕中心线编1个平结。

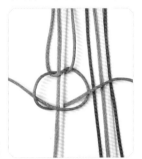

3. 如图，用左边的一组线再编1个平结。

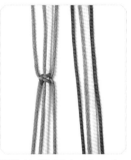

4. 拉紧两条线，如图，完成1个左上双向平结。

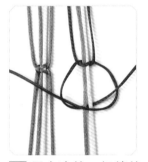

5. 用右边的一组线编1个左上双向平结。

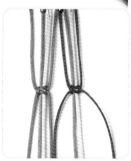

6. 拉紧两条线。

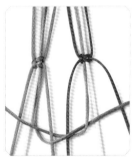

7. 如图，以中间的4条线为一组，编1个平结。

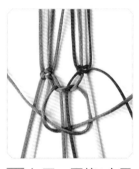

8. 如图，再编1个平结。

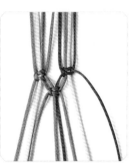

9. 拉紧两条线，如图，完成1个左上双向平结。

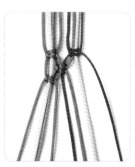

10. 用左边的4条线再编1个左上双向平结。

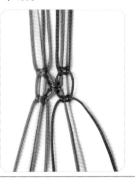

11. 用右边的4条线再编1个左上双向平结。

12. 重复前面的做法，即可编出七宝结。

十全结

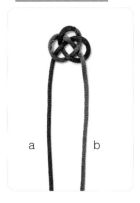

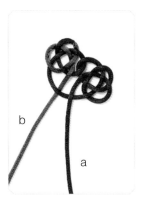

1. 如图，用a、b线编第一个双钱结。

2. 用a线在右边编第二个双钱结。

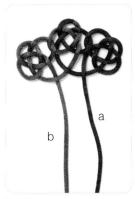

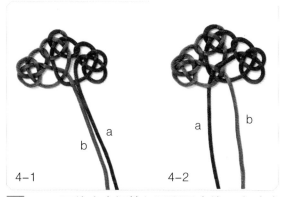

4-1　　4-2

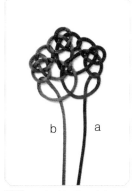

3. 用b线在左边编第三个双钱结。

4. a、b两线在中间按如图所示走线，组合完成中间的双钱结（即第四个双钱结）。

5. 两条线分别向下穿过两边双钱结的下耳翼。

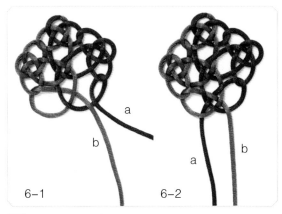

6-1　　6-2

6. a、b两线按如图所示组合完成第五个双钱结。

7. 调整好结体。

8. 剪掉多余的线，用打火机将两个线头略烧后对接起来即可。

左斜卷结

1. 准备2条线。

2. 以红色线为中心线，将橘色线按如图所示围着中心线绕1个圈。

3. 拉紧两条线。

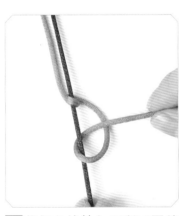

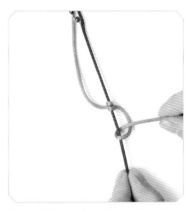

4. 将橘色线按如图所示围着中心线再绕1个圈。

5. 再次拉紧两条线，由此完成1个左斜卷结。

6. 将橘色线按如图所示绕1个圈。

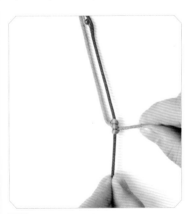

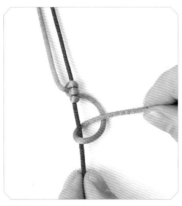

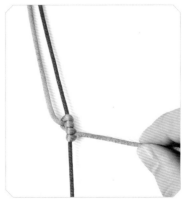

7. 拉紧两条线。

8. 将橘色线按如图所示再绕1个圈。

9. 拉紧2条线，由此又完成1个左斜卷结。

右斜卷结

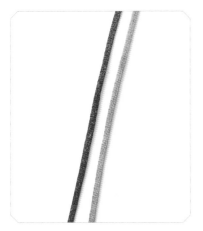

1. 准备2条线。

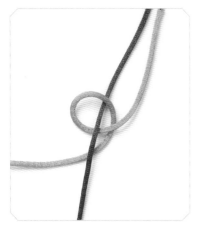

2. 以红色线为中心线，将橘色线按如图所示围着中心线绕1个圈。

3. 拉紧两条线。

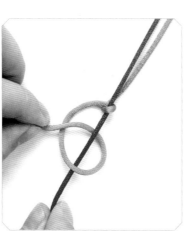

4. 将橘色线按如图所示围着中心线再绕1个圈。

5. 拉紧2条线，由此完成1个右斜卷结。

连续编斜卷结

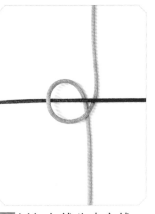

1. 准备2条线，并按如图所示呈十字交叉摆放。

2. 以红色线为中心线，将橘色线按如图所示围着中心线绕1个圈。

3. 拉紧橘色线的两端。

4. 如图，用橘色线的下端在步骤2中形成的圈的右侧再绕1个圈。

5. 拉紧橘色线的两端，由此形成1个斜卷结。

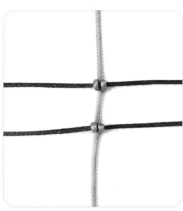

6. 如图，在红色线的下方再增加1条红色线，橘色线放在第二条红色线的下面。

7. 橘色线以第二条红色线为中心线，绕着这条中心线按如图所示再编1个斜卷结。

8. 拉紧橘色线，调整好结体即可。

攀缘结

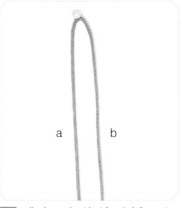

1. 准备1条线并对折，如图，形成a、b线，然后用大头针固定。

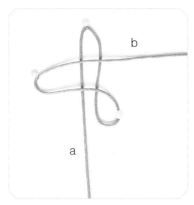

2. 用b线按如图所示绕两个圈，并用大头针固定。

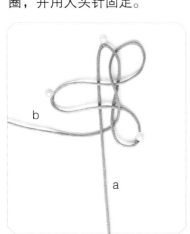

3. b线按如图所示以挑、压的方式穿过两个圈，然后从a线的下面穿过。

4. b线按如图所示穿过右边的圈。

5. 取出大头针，拉紧两端的线，调整好3个耳翼的大小，由此完成1个攀缘结。

太阳结

1. 准备1条线并对折。

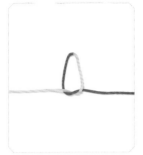

2. 用线按如图所示打1个单圈结。

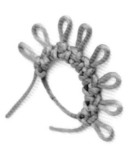

3. 用线反方向再打1个单圈结。

4. 在第一个单圈结的上面放1条丝线。

5. 如图，将第一个单圈对折，包住丝线，并向下从两个单圈结中穿出来。

6. 将对折处抽紧。

7. 将右线按如图所示打1个单圈结。

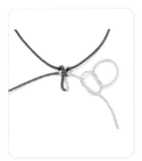

8. 将右线按如图所示再打1个单圈结。

9. 把丝线压在第一个单圈结的上面。

10. 仿照步骤5的方法再做一次。

11. 收紧对折处，调整好结体。

12. 重复前面的做法，连续编结至合适的长度即可。

藻井结

1. 准备1条线并对折。

2. 用线按如图所示编1个松松的单结。

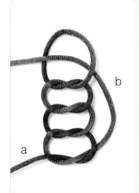

3. 在第一个单结下面再连续编3个松松的单结。

4. 如图，b线向上穿过最上面的圈。

5. b线再向下从4个结的中间穿过。

6. a线同样往下从4个结的中间穿过。

7. 最下面的左圈从前面往上翻，最下面的右圈从后面往上翻。

8. 把上面的线收紧，留出下面的两个圈。

9. 最下面的左圈和最下面的右圈仿照步骤7的方法如图向上翻。

10. 收紧结体即可。

横藻井结

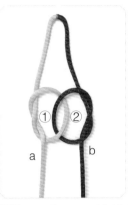

1. 准备1条线并对折。

2. 分别将a、b线按如图所示编1个结，形成圈①和圈②，两圈在中间相互交叉。

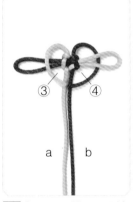

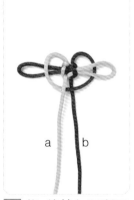

3. 如图，将圈①的右侧线穿过圈②，拉向右侧，将圈②的左侧线穿过圈①，拉向左侧。

4. 向两侧拉耳翼，收紧结体。

5. 把上面的耳翼按如图所示向下翻，形成圈③和圈④。

6. 将a线按如图所示压住圈③。

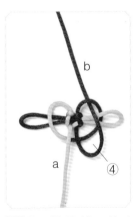

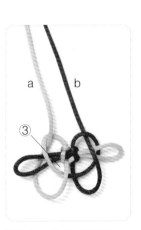

7. 将b线从前面往上绕，穿过圈④。

8. 将a线从后面往上绕，穿过圈③。

9. 拉紧2条线。

10. 调整好结体即可。

套环结

1. 取1个塑料圈，用1条线按如图所示穿过塑料圈绕1个圈。

2. 将这条线再绕1个圈。
（注意：线挑、压的方法与步骤1中的恰好相反）

3. 拉紧线的两头。

4. 将线按如图所示绕1个圈。

5-1   5-2

5. 重复步骤4的做法，直到编满整个塑料圈。

6. 把多余的线剪掉，用打火机将2个线头略烧之后对接起来即可。

环扣

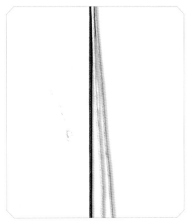

1. 准备3条线。

2. 用这3条线编一段三股辫，然后将三股辫弯成圈状，如图。

3. 两侧各取1条线，用左侧的线在中心线的上方编结，用右侧的线在中心线的下方编结，如图。

4. 均匀用力将2条线拉紧。

5. 如图，用右侧的线在中心线的上方编结，用左侧的线在中心线的下方编结。

6. 拉紧2条线即可。

线圈

1

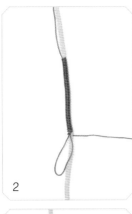

2

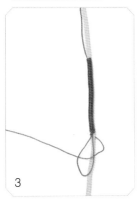

3

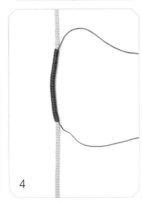

4

1. 将1条细线折成一长一短，然后摆放在1条丝线的上面，如图。

2. 用长细线缠绕丝线和短细线数圈。

3. 绕到合适的长度后，长细线穿过线圈。

4. 向上拉紧短细线。

5. 把多余的细线剪掉，将绕了细线的丝线两端用打火机或电烙铁略烫后对接起来即可。

5

绕线

1

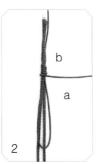

2

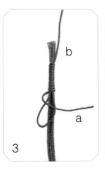

3

4

5

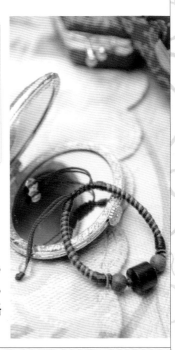

1. 以1条或数条绳为中心线，取1条细线对折，然后摆放在中心线的上面，如图。

2. 将细线 a 段按如图所示围绕中心线反复绕圈。

3. 将细线 a 段按如图所示穿过对折端留出的小圈。

4. 轻轻拉动细线 b 段，将细线 a 段拖入圈中固定。

5. 剪掉细线两端多余的线头，用打火机将线头略烧熔后按压即可。

双耳酢浆草结

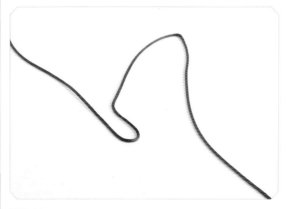

1. 按如图所示摆线，蓝线向右揪出1个耳翼。

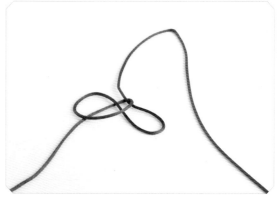

2. 蓝线在反方向做出同样的耳翼，然后蓝线从上面绕过第一个耳翼再从下面穿出。

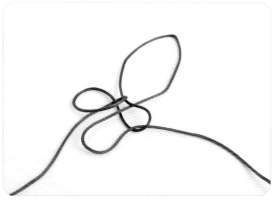

3. 用红线揪出1个耳翼并插进蓝线右边的耳翼里。

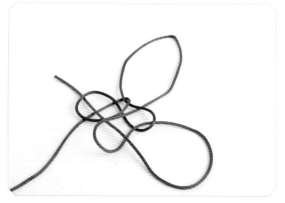

4. 如图，红线按压红线、挑红线、压蓝线、压蓝线、挑蓝线的顺序分别穿过红线耳翼和蓝线左耳翼。

5. 如图，红线再从蓝线下面穿过，然后压红线穿过红线耳翼。

6. 拉紧成结，调整好耳翼大小即可。

三耳酢浆草结

1. 准备1条线，按如图所示做出1个耳翼。

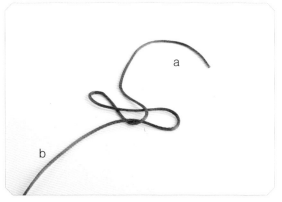

2. 如图，将a线从耳翼下方穿过，做出第二个耳翼，a线在上方。

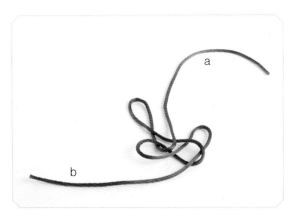

3. 用b线揪出第三个耳翼，并插进第二个耳翼里面。

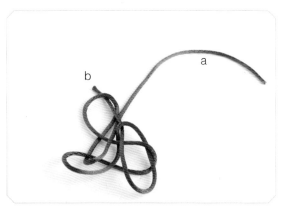

4. b线从上方依次穿入第三个耳翼和左上方线圈。

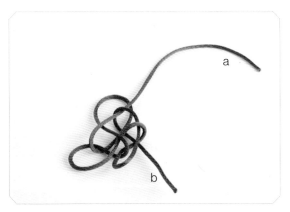

5. b线从下面绕过所有线，再压第三个耳翼右边的线，并从上面穿出。

6. 拉紧成结即可。

四耳吉祥结

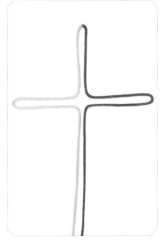

1. 取1条线并对折，左右各拉出1个耳翼，形成4个耳翼，如图。

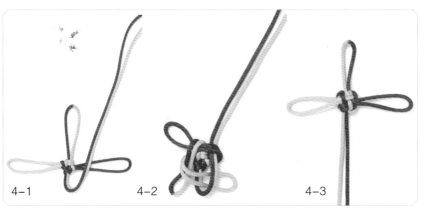

2-1　　　2-2　　　2-3　　　2-4

2. 从线头端开始取1个耳翼依次按逆时针方向压着相邻的耳翼。

3. 拉紧四个方向的线，调整好结体。

4-1　　　4-2　　　4-3

4. 重复步骤2的做法，然后拉紧成结。

5. 拉出耳翼，调整好结体即可。

六耳吉祥结

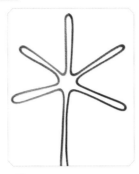

1. 准备1条线并对折。

2. 左右各拉出4个耳翼，形成6个耳翼，如图。

3-1

3-2

3-3

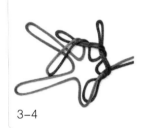

3-4

3-5

3-6

3. 6个耳翼按如图所示以逆时针方向相互挑压。

4. 拉紧结体，将大耳留出来。

5-1   5-2

5. 6个耳翼以同样的方法按逆时针方向再挑压1次。

6. 将线拉紧。

7. 将所有耳翼调整好即可。

六耳团锦结

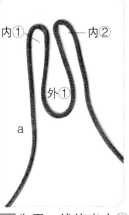

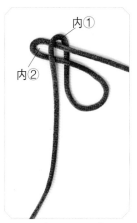

1. 先用a线绕出内①和内②，形成外①。

2. 内②进到内①中。

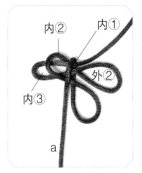

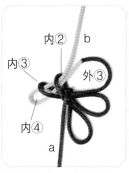

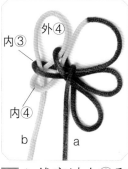

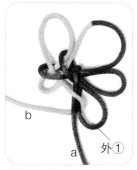

3. 再用a线绕出内③，进到内①和内②中，形成外②。

4. b线与a线对接，用b线绕出内④，进到内②和内③中，形成外③。

5. b线穿过内③和内④，形成外④。

6. b线压a线，再穿过外①。

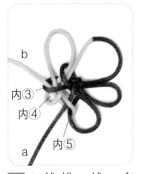

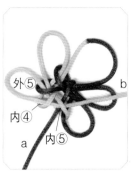

7. b线挑a线，穿过内③和内④，形成内⑤。

8. b线穿过内④和内⑤，形成外⑤。

9. b线压a线，再依次穿过外②、内⑤、内④。

10. 收紧内耳，调整好结体即可。

空心八耳团锦结

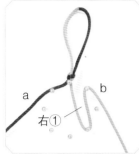

1. 先走 b 线，按如图所示在插有大头针的插垫上绕出右①。

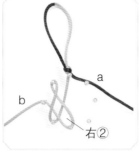

2. 如图，用钩针钩出右②。

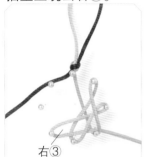

3. 如图，用钩针钩出右③。

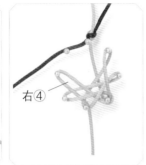

4. 如图，用钩针钩出右④。

5. 接下来走 a 线，如图，用钩针钩出左①。

6. 如图，用钩针钩出左②。

7. 如图，用钩针钩出左③。

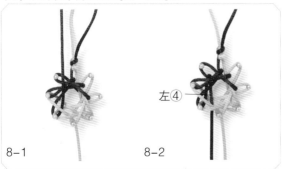

8. 如图，用钩针钩出左④。

9. 从大头针上取出结体，拉出6个耳翼，调整好结体。最后在团锦结的下端编1个双联结固定即可。

二回盘长结

1. 用8根大头针在插垫上插成1个方形。

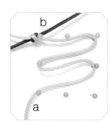

2. 先用线编1个双联结作为开头。

3. 用a线走4段横线。

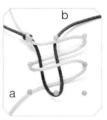

4. b线挑第一、第三段a横线，走2段竖线。

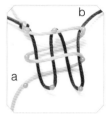

5. b线仿照步骤4的做法，再走2段竖线。

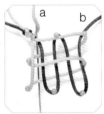

6. 钩针从4段a横线的下面伸过去，钩住a线线头。

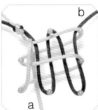

7. 把a线钩向下。

8-1   8-2

8. a线仿照步骤6~7的做法，一来一回走2段竖线。

9. 用钩针按如图所示依次挑2条线，压1条线，挑3条线，压1条线，挑1条线，钩住b线。

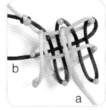

10. 把b线钩向左。

11. 用钩针挑第二、第四段b竖线，钩住b线。

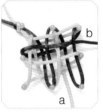

12. 把b线钩向右。

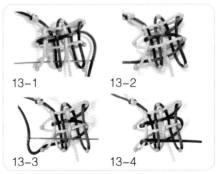

13-1   13-2
13-3   13-4

13. b线仿照步骤9~12的做法，一来一回走2段横线。

14. 从大头针上取出结体。

15. 拉出6个耳翼，调整好结体，最后在下端编1个双联结固定即可。

三回盘长结

1. 用12根大头针在插垫上插成1个方形。

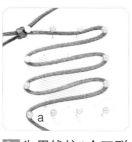

2. 先用线编1个双联结，然后a线按如图所示绕6段横线。

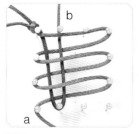

3. b线挑第一、第三、第五段a横线，走2段竖线。

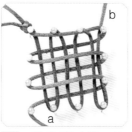

4. b线仿照步骤3的方法，再做2次。

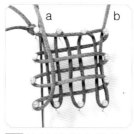

5. 钩针从所有横线下面伸过去，钩住a线。

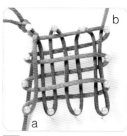

6. 把a线钩向下。

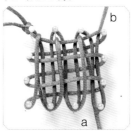

7. a线仿照步骤5~6的方法，再做2次。

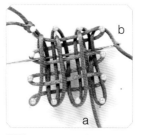

8. 钩针依次挑2条线，压1条线，挑3条线，压1条线，挑3条线，压1条线，挑1条线，钩住b线。

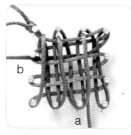

9. 把b线钩向左。

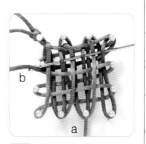

10. 用钩针挑第二、第四、第六段b竖线，钩住b线。

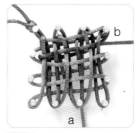

11. 把b线钩向右。

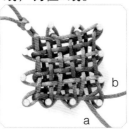

12. b线仿照步骤8~11的做法，再做2次。

13. 取出结体。

14. 拉出10个耳翼，收紧线，调整好结体即可。

四回盘长结

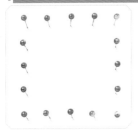

1. 用16根大头针在插垫上插成1个方形。

2. 先用1条线编1个双联结作为开头。

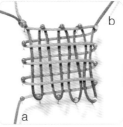

3. a线走8段横线。

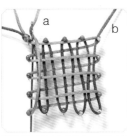

4. b线挑第一、第三、第五、第七行a横线，走2段竖线。

5. b线仿照步骤4的方法，再做3次。

6. 钩针从所有a横线下面伸过去，钩住a线。

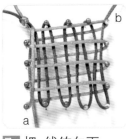

7. 把a线钩向下。

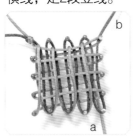

8. a线仿照步骤6和步骤7的做法，再做3次。

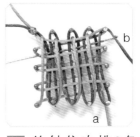

9. 钩针依次挑2条线，压1条线，挑3条线，压1条线，挑3条线，压1条线，挑3条线，压1条线，挑1条线，钩住b线。

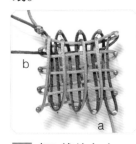

10. 把b线钩向左。

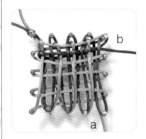

11. 用钩针挑第二、第四、第六、第八段b竖线，把b线钩向右。

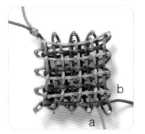

12. b线仿照步骤9~11的做法，再做3次。

13. 从大头针上取出结体。

14. 拉出14个耳翼，调整好结体即可。

PART 2
首饰

彩墨

材 料

A线110厘米2条、30厘米1条，珠子若干

步骤

1. 以红线为中心线，蓝线绕着红线编1个雀头结。

2. 加1条红线。

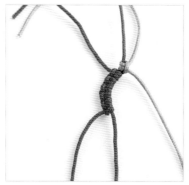

3. 新加的红线绕着原红线编5个半雀头结。

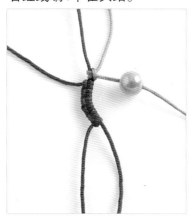

4. 蓝线穿珠。

5. 蓝线圈着原红线编5个半雀头结。

6. 新红线穿珠，并绕着原红线编5个半雀头结。

7. 重复步骤3~6的做法，编至合适长度。

8. 用两端多出来的线编双向平结。

9. 尾线穿珠子后，剪去多余的线，用打火机处理好线尾即可。

结缘

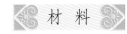

6号韩国丝120厘米4条，景泰蓝珠子2颗

1

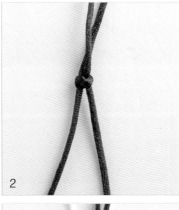

2

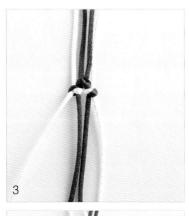

3

4

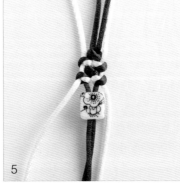

5

6

7

8

9

1. 将 2 条蓝线对齐，按如图所示绕线。

2. 将 2 条线拉紧，形成 1 个蛇结。

3. 2 条线的两侧分别加 1 条线，再各编 1 个蛇结，如图。

4. 将中间的 2 条蓝线编 1 个蛇结。

5. 2 条蓝线与旁边的线各编 1 个蛇结，然后 2 条蓝线合穿 1 颗珠子。

6. 2 条蓝线与旁边的线各打 5 个蛇结后穿第 2 颗珠子，再继续编蛇结。

7. 蛇结编至适合的长度后，剪掉同色的 2 条余线，用打火机处理好线尾。

8. 用余线将剩余 4 条尾线包住，打平结。

9. 尾线留出适当的长度以打凤尾结，剪掉余线，处理好线尾即可。

妙姬

材料

6号韩国丝50厘米2条、200厘米1条，
72号线30厘米1条、20厘米14条，珠子若干

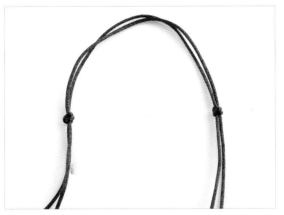

1. 将 2 条 50 厘米的韩国丝平行放置，编 1 个双联结，留出合适长度，再编 1 个双联结。

2. 用 200 厘米的线在两个双联结之间编双向平结，然后剪去多余的线头。

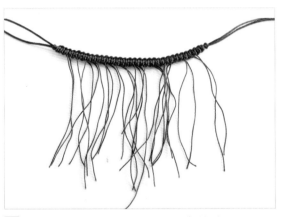

3. 每隔 1 个平结加 1 条 20 厘米的线。

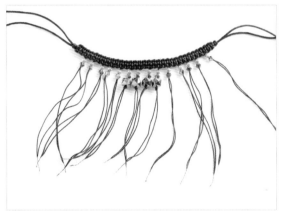

4. 在每条 20 厘米的线的上面穿珠子。

5. 剪去多余的线头，处理好线尾。

6. 用 30 厘米的线包住 4 条尾线编双向平结，穿尾珠，打结后剪去线头，处理好线尾即可。

白 云

材 料

6号韩国丝90厘米1条，玉珠1颗

1. 将线对折，如图，编1个金刚结。

2. 固定金刚结，开始编两股辫。

3. 编至合适长度，然后穿玉珠。

4. 开始编纽扣结，将左侧线向上揪出1个圈，线头搭在上面。

5. 右侧线同样揪出1个圈，线头在下面，然后塞进左侧线揪出的圈里。

6. 右侧线从下面绕过来，压着左侧线再穿进右圈，如图。

7. 左侧线向右绕，穿进左侧线和右侧线揪出的第一个共同圈，再从其他线下面出来，如图。

8. 拿起上一步的右侧线，从两股辫的下面穿过，穿进左侧线的第一、二个圈和步骤6做出来的左侧圈。

9. 拉紧成结，剪去多余的线头即可。

发芽

材 料

绕线60厘米8条（不同色），
配线1条，帽扣2个，龙虾扣1个

1. 剪取绕线，用火烧一下线头以免散开，用配线把绕线绑好，打1个秘鲁结。

2. 将绕线平均分成左右各4条，取最右边1条绕线，自下方绕过，包住左边靠内的2条绕线。

3. 取最左边1条绕线，自下方绕过，包住右边靠左的2条绕线。

4. 取最右边1条绕线，包住左边靠里的2条绕线。

5. 取最左边1条绕线，包住右边靠里的2条绕线。

6. 如此重复，取一边最外的1条绕线，包住另一边最里的2条绕线。

7. 依据此法，左右交替编织，至合适的长度。

8. 剪去首尾多余的绕线，用火烫合。

9. 首尾涂上胶水，插进帽扣里，装好龙虾扣即可。

纯 雅

 材 料

韩国丝100厘米6条（白色2条、绿色4条），
粉水晶2颗

1. 将所有线以2条绿线、1条白线为一组，分成两组，把一组线看作1条线，在中间编1个纽扣结。

2. 穿1颗粉水晶，再编1个纽扣结。

3. 拿起一端的线，把线按如图所示摆放好。

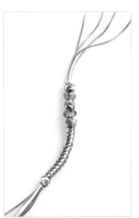

4. 开始编圆形玉米结。

5. 编至合适的长度后，编1个纽扣结。

6. 另一端的线重复步骤3~5的做法。

7. 头尾相交，用余线包住尾线后编7个平结，剪掉多余的线。

8. 尾线打凤尾结收尾即可。

素锦

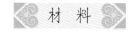

2号韩国丝70厘米8条，铁珠若干

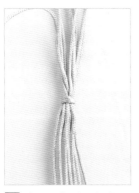

1. 将所有线排成一束，对齐，取其中1条线包住其他线，编1个双联结。

2. 拿起两条线圈着其余线编双向平结。

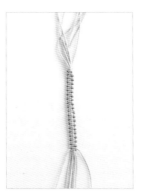

3. 编至合适的长度。

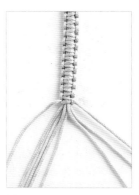

4. 将余线分为两组，左边5条、右边3条。

5. 用左边内侧第二条线绕着左边内侧第一条线编2个斜卷结。

6. 左边的其他线分别绕着左边内侧第一条线编2个斜卷结，右边外侧的2条线同样绕着右边内侧第一条线编两个斜卷结。

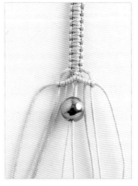

7. 最中间的2条线合穿1颗珠子。

8. 用两侧的线编斜卷结包住珠子。

9. 外侧的4条线分别穿珠子后，继续编斜卷结。

10. 重复步骤7~9的做法。

11. 用最外侧的线包住其余的线编双向平结。

12. 首尾相交，用余线包住尾线编双向平结，穿尾珠，打死结，处理好线头即可。

摇曳

A玉线60厘米1条，流苏2条，
单圈1个，发簪1支，珠子若干

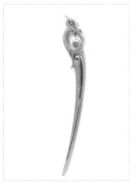

1. 在发簪尾端扣上单圈，如图。

2. 将A玉线对折后穿入单圈，编1个双联结固定。

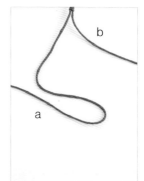

3. a线弯折出1个耳翼。

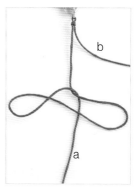

4. a线从上方绕到耳翼下面，如图。

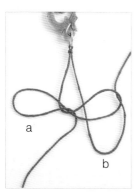

5. 用b线做1个耳翼并插入由a线做成的耳翼中。

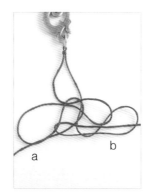

6. b线按如图所示穿过由b线做成的耳翼和由a线做成的耳翼，拉向右侧。

7. 拉紧线，调整出1个双耳酢浆草结。

8. 编1个双联结固定。

9. 左侧线穿入珠子。

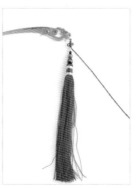

10. 左侧线上绑上流苏。

11. 右侧线采用同样做法。

12. 完成。

雅华

材　料

4号韩国丝200厘米1条，
流苏1条，单圈1个，发簪1支，银线1条

步骤

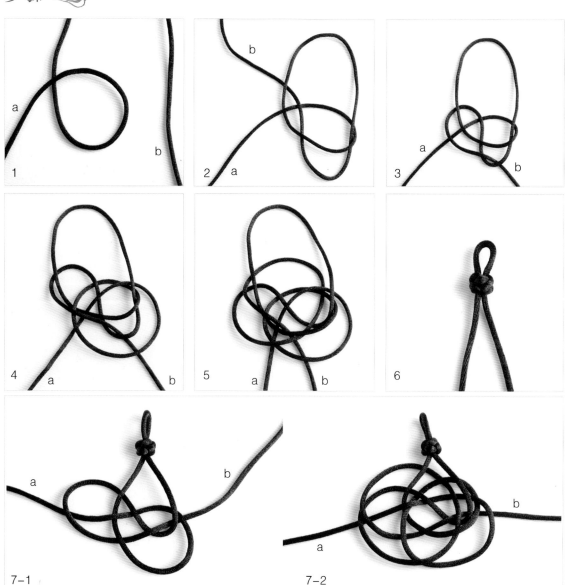

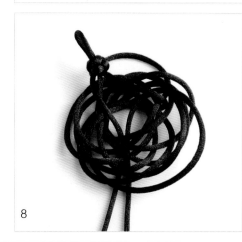

1. 取4号韩国丝对折，a线按逆时针方向绕1个圈。

2. b线套进步骤1中形成的圈里，按如图所示做压、挑。

3. b线按如图压、挑，向右穿出。

4. a线按如图所示以逆时针做压、挑，再绕1个圈。

5. b线按如图所示以逆时针走线，从上往下穿过中间的圈。

6. 拉紧线，留出挂耳，调整好结体。

7. 重复步骤1~3的做法1次，再重复步骤4~5的做法5次。

8. 将2条线从上往下穿入中间的圈，如图。

9

10

11

12

13

14

15

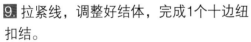

16

9. 拉紧线，调整好结体，完成1个十边纽扣结。

10. 再编1个纽扣结。

11. 然后加1条流苏。

12. 用套色针穿上1条银线，穿过十边纽扣结的结体。

13. 用银线走出如图所示的曲线。

14. 流苏上的菠萝帽以同样的方法走银线。

15. 用单圈将发簪和挂耳连接起来。

16. 完成。

彩衣

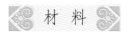
材 料

A线90厘米4条，七彩股线1束，
菠萝扣2个，珠子若干

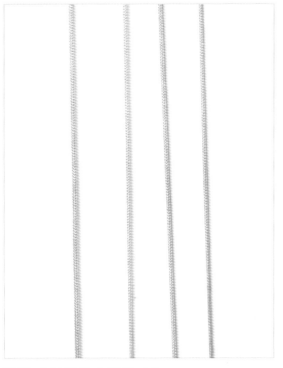

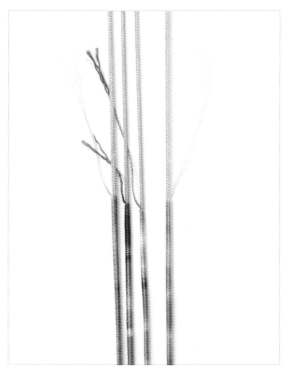

1. 取 4 条粉色 A 线并对齐。

2. 分别用七彩色的股线在 4 条 A 线外面绕线。

3. 编 1 个双联结固定，再穿入 1 个菠萝扣，然后以两线为一组拧 1 段两股辫。

4. 编至合适长度后，编 1 个双联结固定，再穿入 1 个菠萝扣，两头各剪去多余的 2 条 A 线，然后取 1 段多余的 A 线包着两端的余线编 4 个双向平结作活扣，最后用 4 条尾线穿珠子，编单结收尾即可。

白梅

材料

A线90厘米4条，股线1束，
玉石配件2个，珠子若干

1. 准备玉石配件和线，按如图所示的方式穿好。

2. 将所有配件都穿好。

3. 另外准备2条A线，用股线分别在这两条线的中间位置绕适当的长度，然后用这两条线分别穿过玉石配件下面的孔。

4. 用没有绕股线的部分穿玉石珠子，然后在玉石珠子的下面分别编1个蛇结。

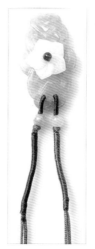

5. 如图，在蛇结的下端绕适当长度的股线。

6. 用绕了股线的部分编1个双联结。

7. 用中间2条线合穿1颗玉石珠子，用其余的2条线包住玉石珠子，然后在下端编1个蛇结。

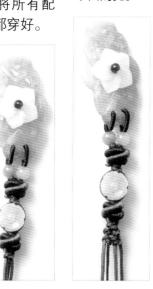

8. 仿照步骤5～6的做法，编1个双联结。

9. 用4条线按如图所示编蛇结。

10. 用4条线两两编蛇结至合适的长度。

11. 用同样的方法做好手链的另一边。

12. 另外取余线，包住链绳的尾线编双向平结作活扣，两端尾线分别穿珠子，编单结收尾即可。

花错

材 料

6号韩国丝90厘米4条，金属珠子7颗，
帽扣2个，金属链子3厘米1条，龙虾扣1个

步骤 🌙

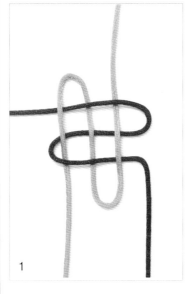

1

2

3

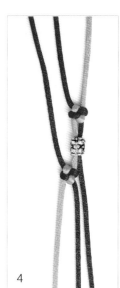

4

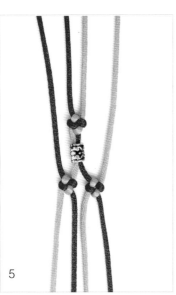

5

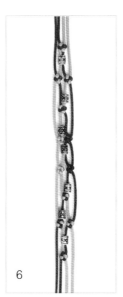

6

7

1.准备红色、黄色 6 号线各 1 条，分别对折并按照十字结走线的方法走线。

2.拉紧线，完成 1 个十字结。

3.2 条线同穿 1 颗金属珠子。

4.在左边加 1 条红色 6 号线，与黄色线合在一起编 1 个十字结。

5.在右边加 1 条黄色 6 号线，与红色线合在一起编 1 个十字结。

6.用黄色线穿金属珠子，用中间的 2 条线编十字结，再用黄色线穿金属珠了，分别用两边的线编十字结，然后仿照前面的做法穿金属珠子、编十字结。

7.如图，用余线分别在手链两端编平结固定，然后加金属链和龙虾扣即可。

南 姜

材料

6号韩国丝150厘米2条，
陶瓷珠子4颗，陶瓷弯管1个

1. 准备 1 条红色线和 1 条黑色线，将这两条线合穿入 1 个陶瓷弯管。

2. 在陶瓷弯管的两端分别编 4 个双线纽扣结。

3. 两边分别穿入 1 颗陶瓷珠子，再分别编 4 个双线纽扣结。

4. 两边分别穿入 1 颗陶瓷珠子，再分别编 12 个蛇结。

5. 两边分别拧一段两股辫，另取黑色余线 1 条，包住尾线做绕线，然后用两端的尾线分别编 1 个双联结收尾即可。

云纹

材料

7号韩国丝240厘米4条，7号韩国丝30厘米1条，镂空银饰1个，珠子2颗

1. 如图，将4条240厘米7号韩国丝置于食指与中指之间。

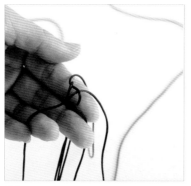

2. 4条线按逆时针方向相互挑压，开始编玉米结。

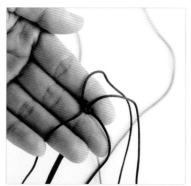

3. 拉紧四个方向的线。

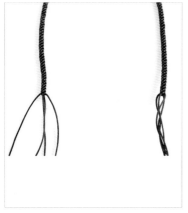

4. 重复步骤 2~3 的做法，编玉米结至合适长度。

5. 在完成的链绳的中间位置穿入 1 个镂空银饰。

6. 玉米结两端各编1个双联结固定，再剪掉两条余线，处理好线尾。

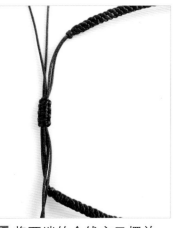

7. 将两端的余线交叉摆放，在交叉位置用1条30厘米7号韩国丝编4个双向平结，剪线、收尾。

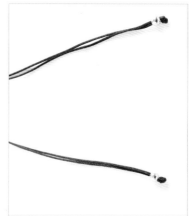

8. 两端的余线各留合适的长度，分别穿入1颗珠子，编1个单结收尾。

9. 完成。

穗 子

材 料

A线180厘米8条，股线2束

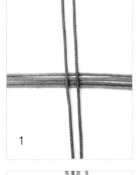

1

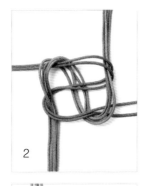

2

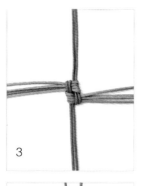

3

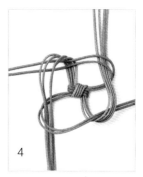

4

5

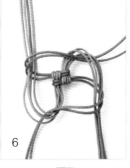

6

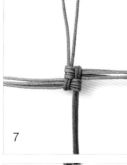

7

8

9

10

11

12

13

1. 准备 4 条土黄色 A 线和 2 条绿色 A 线，如图，呈十字交叉摆放。

2. 如图，将线以逆时针方向相互挑压。

3. 拉紧四个方向的线。

4. 翻面，重复步骤 2 的做法。

5. 拉紧四个方向的线。

6. 如图，将线以顺时针方向相互挑压。

7. 继续拉紧线，完成 1 个方形玉米结。

8. 继续编方形玉米结至合适长度。

9. 将土黄色线的余线藏进玉米结的结体中，并处理好线尾，然后在上方加 2 条绿色 A 线。

10. 两端的余线分别用绿色和黄色股线绕一段线。

11. 如图，编 1 个蛇结，然后在未绕线的地方编 1 个金刚结固定。

12. 如图，在未绕线部分的首尾两端绕线。

13. 做好手链两边的链绳。另取 1 条线包着尾线编双向平结，然后将两端的尾线分别编单结收尾即可。

青子

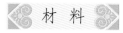
材料

A线160厘米3条，股线1束，
陶瓷珠子1颗，陶瓷弯管1个

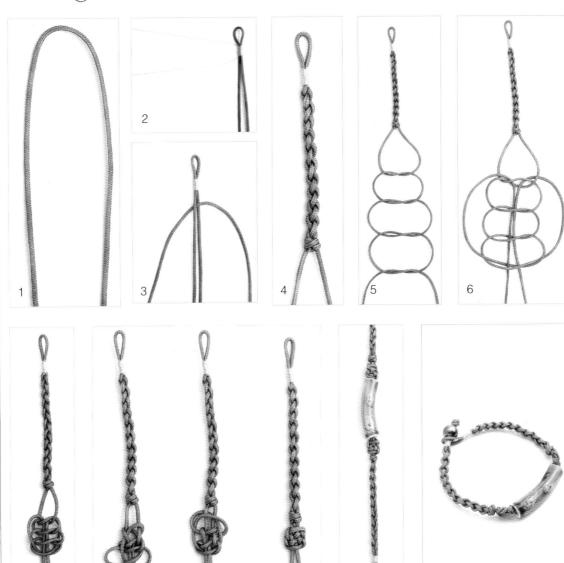

1　2　3　4　5　6

7　8-1　8-2　8-3　9　10

1. 准备1条A线。

2. 如图，在A线的上端留出1个小圈，作为这款手绳的活扣，然后用股线在小圈的下面绕一段适当的长度。

3. 如图，再加1条A线。

4. 用这4段线编一段四股辫，用其中的两段线包住另外的两段线编1个双联结，剪掉被包的余线。

5. 如图，用两段线编4个松松的单结。

6. 两段线的线头按如图所示穿过4个单结的中心。

7. 调整线的长度，使结体缩小。

8. 将结体下端的两个圈按如图所示往上翻，再将最下端的两个圈往上翻，按照线的走向调整好结体。

9. 在藻井结的下端穿入1个陶瓷弯管，然后按照步骤3~8的做法，依次编藻井结和四股辫，再绕股线。

10. 用两条尾线合穿入1颗珠子，然后编1个单结收尾即可。

红玉

材 料

A线180厘米2条，平安扣2颗

1. 准备浅绿色、黄色Ａ线各1条。

2. 将两条线并齐，在合适的位置编1个双联结，上钉板，黄色线按如图所示绕出右①。

3. 黄色线按如图所示绕出右②。

4. 黄色线按如图所示绕出右③。

5. 接下来走浅绿色线，按如图所示绕出左①。

6. 浅绿色线按如图所示走线。

7. 浅绿色线按如图所示绕出左②。

8. 浅绿色线按如图所示绕出左③。

9. 从钉板上取出结体。

10. 拉紧线，调整好结体，再编1个双联结固定。

11. 两条线对穿1颗平安扣，仿照前面的做法继续编结、穿珠。

12. 另取一段余线包着两端的尾线编双向平结作活扣，然后将尾线编单结收尾即可。

PART 3

配饰

墨紫

 材 料

72号线100厘米3条，珠子若干

步骤

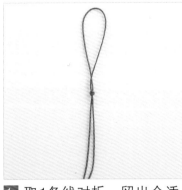

1. 取1条线对折，留出合适的长度后编1个双联结，然后固定为原线。

2. 两指夹着原线，另外加2条线，按如图所示呈十字状摆放。

3. 后加的2条线按逆时针方向围着原线编1个玉米结，然后再按顺时针和逆时针方向各编1个玉米结。

4. 拉紧十字线，倒过来摆放，原线穿大珠子，十字线按如图所示穿珠子。

5. 重复步骤3的做法2次，共编6个玉米结。

6. 穿珠子后，重复步骤5的做法。

7. 剪掉原线，线尾用火烫一下固定，然后用十字线穿珠子，打死结。

8. 剪掉多余的线头，线尾用火烫一下即可。

材 料

72号线100厘米1条，珠子若干

1. 取1条线对折，上部留出4厘米，接着编3个金刚结。

2. 用余线编1个双耳酢浆草结，然后留出合适的长度，各编1个三耳酢浆草结。

3. 利用3个酢浆草结和余线编1个玉米结。

4. 翻面，用余线再编1个玉米结。

5. 再用余线编1个双耳酢浆草结，然后再打1个金刚结。

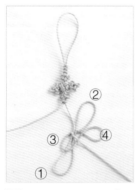

6. 右线向上揪出①，再下弯揪出②，右线头从线下面左绕揪出③叠在①上，再从线下面左绕揪出④。

7. 左线揪出⑤穿入①和③。

8. 右线头从上面穿入①和⑤，压着左线头再穿入④，从线的下面绕回来，从下面穿过⑤和①。

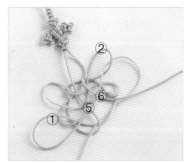

9. 拿起右线头穿入⑤和⑥，压在左线头上穿入②，往回绕，从左线头下方穿过，再从下面穿过⑥和⑤。

10. 慢慢拉紧线成团锦结。

11. 用余线编1个金刚结固定，尾线分别穿珠子、打死结即可。

朱玄

材料

A线120厘米2条，股线1束，珠子若干

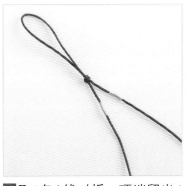

1. 取1条A线对折，顶端留出4厘米，再编1个双联结，然后用粉色股线分别在下面的两条线上绕一部分。

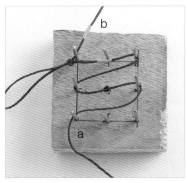

2. 上钉板，用a线绕出如图所示的形状。

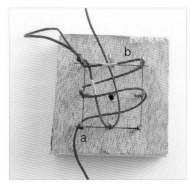

3. 以靠近双联结的a线为第一段横线，b线挑起第一、三段横线，钩住中间的钉子。

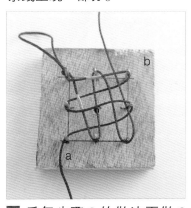

4. 重复步骤3的做法再做2段竖线。

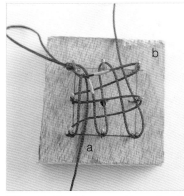

5. a线绕着钉子，从上穿过横线后，再从下面穿下来。

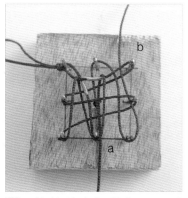

6. a线绕着中间的钉子，重复步骤5的做法。

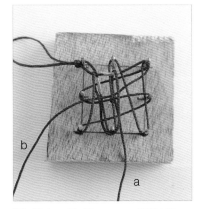

7. 挑起b线第四、二段竖线，穿过a线的竖线，压着第三段横线，把b线钩过来。

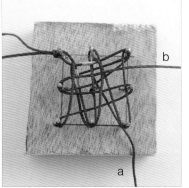

8. 绕着钉子，挑起a线第一段竖线，b线第二、四段竖线，把b线钩过去。

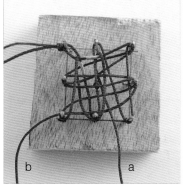

9. 绕中间的钉子，挑起b线第四、二条竖线和a线竖线，压着第四段横线，把b线往左拉。

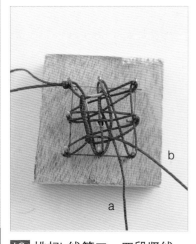

10. 挑起b线第二、四段竖线，b线从中穿出去。

11. 脱板，拉出耳翼，完成1个盘长结。

12. 两红线合穿1颗珠子，隔一定长度后，分别绕一段粉色和红色股线。

13. 利用盘长结下方的两个耳翼以及余线在左右分别编1个四耳酢浆草结。

14. 左右再各编1个双环结。

15. 再用余线编1个酢浆草结。

16. 用余线编1个双联结固定，然后穿珠子，加1条A线并编3个玉米结。

17. 最后穿珠子、打死结即可。

风筝

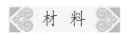

材 料

A线150厘米7条

1

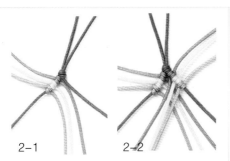

2-1　　　2-2

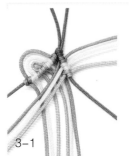

3-1

3-2

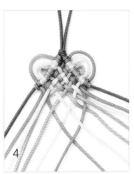

4

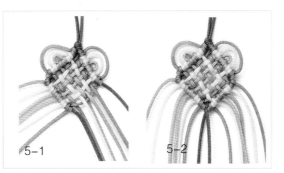

5-1　　　5-2

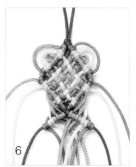

6

7

8

9

1. 用1条线对折后编1个双联结作为开头。

2. 左右两侧各加3条线进来,分别以2条主线作轴,从中间往两边编斜卷结,形成1个"八"字形状。

3. 把2条主线外侧的线弯过来,仿照步骤2的方法编斜卷结,在左右两边形成3层的耳翼。

4. 把中间的12条线呈网状交织在一起。

5. 把2条主线拉向中间,用其余的线分别从两边往中间编斜卷结,形成1个倒"八"字形。

6. 把2条主线拉向两边,左右两侧分别留出2条线,然后用其余的线从中间往两边编斜卷结,形成1个"八"字形状。

7. 把2条主线拉向中间,用其余的线从两边往中间编斜卷结,形成1个倒"八"字形状。

8. 把步骤6中留出来的线拉下来作轴,用其余的线从两边向中间编斜卷结,形成1个倒"八"字形状。

9. 结饰的下面留出适当的长度,然后剪掉多余的尾线即可。

红木

材 料

A线120厘米1条，绕线1条，股线1束，
包布1段，流苏2条，珠子若干

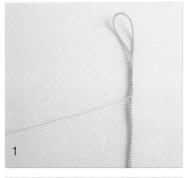

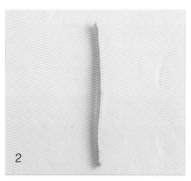

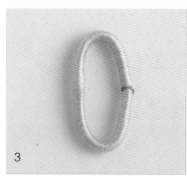

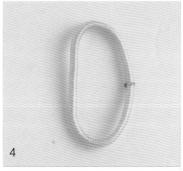

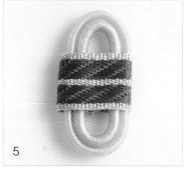

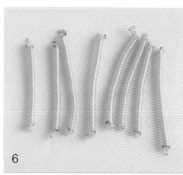

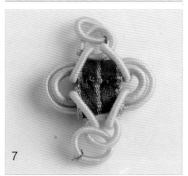

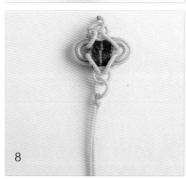

1. 将A线对折，如图，用绕线包着缠绕1段。

2. 绕至合适的长度后，剪掉线头、线尾。

3. 用火略烧两头后对接成圈。

4. 用绕线再绕1段线，长度比步骤2的略长，同样火烧两头后对接成圈。

5. 把第1个线圈放进第2个线圈里，并用包布横向包裹1圈。

6. 用股线绕8段线。

7. 如图，将8段线做成的线圈对接起来。

8. 在结体下端穿入1条A线，编1个蛇结。

9. 然后穿珠子、挂流苏。

10. 在上端加1条用来绑包包的A线，穿珠子即可。

青霜

材料

B线180厘米1条，流苏2条，
珠子2颗

1. B线对折，先编1个双联结，再编1个双耳酢浆草结。

2. 2条余线留出一定长度后，各编1个三耳酢浆草结。

3. 两条余线合在一起编1个双耳酢浆草结后再编1个双联结。

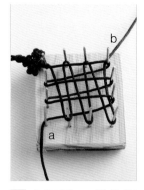

4. 上钉板，a线先绕6段横线，b线挑起a线的第一、三、五段横线，拉出6段竖线。

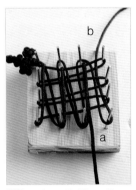

5. a线从线前面绕上去，从横线下穿出来，重复3次。

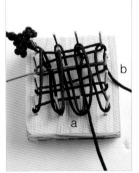

6. 挑起a线在横线下的竖线以及b线的第二、四、六段竖线，用钩针钩住b线。

7. 把b线往左拉出来。

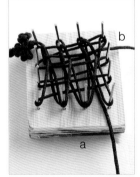

8. 挑起b线的第二、四、六段竖线，再把b线往回拉。

9. 重复步骤6~8的做法2次。

10. 脱板，调整结体，然后把尾线剪断，用火烫平线头，完成十耳盘长结。

11. 把余线并齐，从盘长结结体中穿过。

12. 用余线穿珠子、挂流苏即可。

华芳

材 料

5号韩国丝100厘米2条（黄色、淡黄色），
股线2束（冰丝线、涤纶线），
流苏管1个

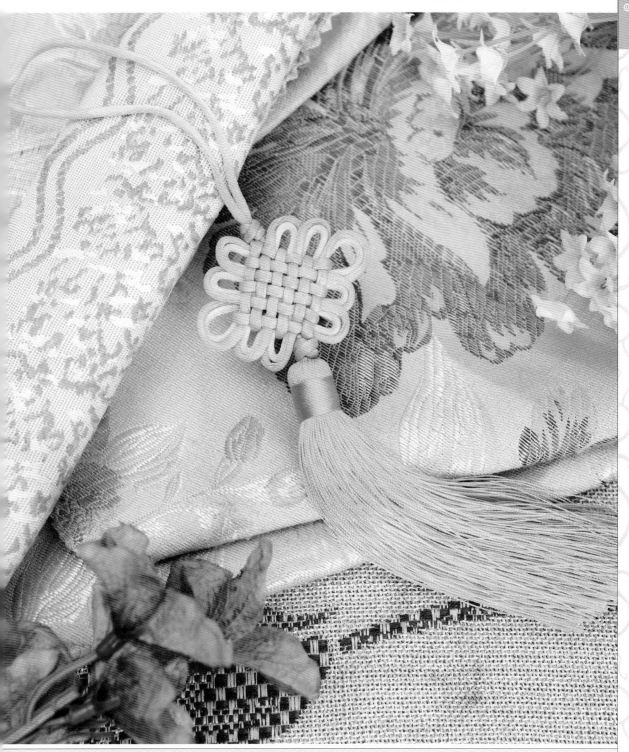

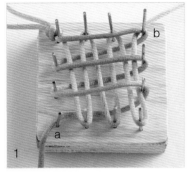

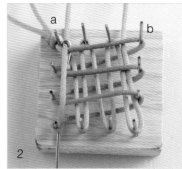

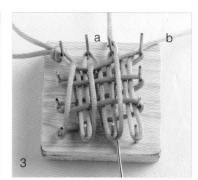

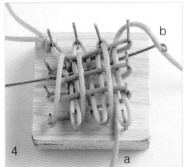

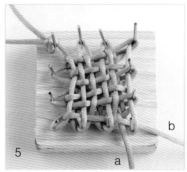

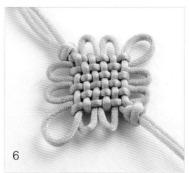

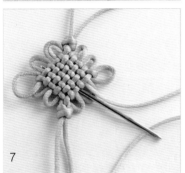

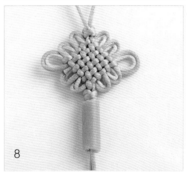

1. 黄色韩国丝编1个双联结，上钉板，先a线绕横线，接着b线拉纵线，如图。

2. a线在横线上面穿过，钩针从横线下穿过去钩住a线。

3. 下拉a线，重复2次，做出如图所示的形状。

4. 挑起a线的竖线和b线的第二、四、六段竖线，用钩针钩住b线。

5. 把b线往左拉，再挑起b线的第二、四、六段竖线把b线往右拉，再重复2次。

6. 脱板，拉出耳翼，用尾线编1个双联结。

7. 利用针，把淡黄色韩国丝穿引到盘长结中，走出耳翼的形状。

8. 把流苏管穿入尾线。

9. 用涤纶线做出流苏。

10. 用冰丝线在流苏上段做绕线即可。

紫金

材 料

绕线2条（两色），72号线1条，
三股线（制作流苏用），景泰蓝珠子1颗，
其他珠子1颗，菠萝扣1颗

1. 将绕线对齐并对折，然后编1个双线吉祥结，拉紧余线。

2. 再编1个吉祥结。

3. 调整结体形状，用其中1条绕线包住另1条绕线编1个双联结，去掉余线，处理好线尾。

4. 用剩下的尾线穿景泰蓝珠子以及菠萝扣，最后绑流苏。

5. 用72号线穿过吉祥结顶部，穿珠子后将其中1段往回穿，在珠子两边各打死结。

6. 去掉余线，处理好线尾即可。

凡尘

材料

6号韩国丝80厘米1条，绕线80厘米1条，银线80厘米1条，三股线（制作流苏用），流苏管1个

1. 直接将韩国丝扭成绳，穿流苏管，打死结。

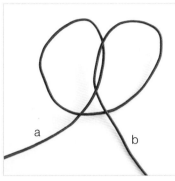

2. 用绕线摆出如图所示的形状。

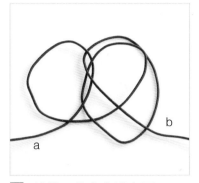

3. b线从下往上穿进左圈，压2条线穿进右圈，压着b线拉出来。

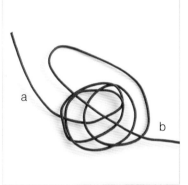

4. b线继续向左绕圈，依次压、挑、压、挑、压、挑、压1条线。

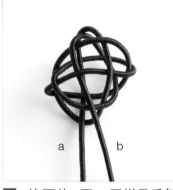

5. b线再绕1圈，同样是重复压、挑1条线3次，再压1条线，然后调整形状做成菠萝扣。

6. 用股线包着流苏管，做成流苏。

7. 把流苏套进菠萝扣。

8. 绕线沿着原来的线的走向再走一遍，银线夹在绕线中间走。最后拉紧线并剪去余线，制成如图所示的形状。

9. 修齐流苏尾即可。

❀清 宁❀

材 料

如意扁带100厘米1条、20厘米1条，
线圈4个，流苏1条

1. 将长的如意扁带对折后编1个双联结，在双联结的上方穿入2个线圈。

2. 用1段黄色扁带在线圈的上方绕线。

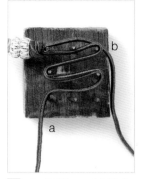

3. 上钉板，a线按如图所示在钉板上走4段横线。

4. b线按如图所示走4段竖线。

5. 完成六耳盘长结接下来的步骤，并从钉板上取出结体。

6. 调整好六耳盘长结的结体，拉出6个耳翼，并用尾线在结体下方编1个双联结。

7. 如图，穿入2个线圈。

8. 在线圈的下方加1条流苏即可。

娇俏

材 料

5号韩国丝200厘米1条，珠子3颗，流苏2条

1

2

1

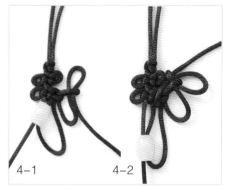

4-1　　4-2

5

6

7

8

9

10

11

1. 取5号线对折。

2. 依次编1个双联结和2个双耳酢浆草结。

3. 两条余线同穿入1颗珠子，然后将右线套进酢浆草结的1个耳翼中，开始编酢浆草结。

4. 完成酢浆草结接下来的步骤。

5. 将右线套进步骤4完成的酢浆草结的1个耳翼中，开始编双环结。

6. 按如图所示绕线，完成双环结接下来的步骤。

7. 左线用同样的方法依次编酢浆草结和双环结。

8. 用2条余线在珠子的下端编1个酢浆草结。

9. 用2条余线再各编1个双耳酢浆草结。

10. 把2条余线合在一起编1个酢浆草结和双联结。

11. 2条尾线各穿入1颗珠子和1条流苏，编两个单结，剪掉余线即可。

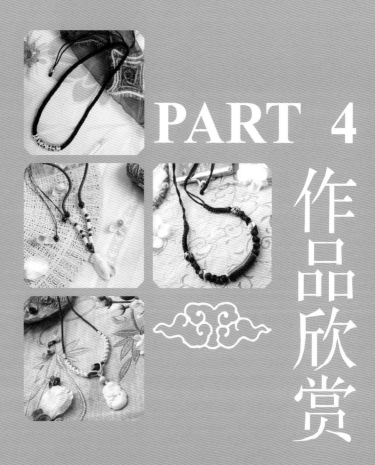

PART 4

作品欣赏

作品欣赏

景冉

蝴蝶

白莲

鸣玉

知了

福贵

无双